Beso...

Bären- u...

papier gerisse... ...ann...

bracht wird. Eine... tollen E...

seide, deren feine Maserung ...

gut zur Geltung kommt und sehr le...

Vorschläge für eine pfiffige Partybele...

traditionellen Weihnachtsfaltsterne aus T...

pier runden das Angebot ab. Bestimmt ist für j...

schmack etwas dabei.

Gutes Gelingen und viel Freude beim Bastelspaß mit Transparentpapier wünschen Ihnen

Maria-Regina und Michael Altmeyer

Materi...

Die Motiv... Tonkarton und ... tet. Der Karton gibt d... ven Festigkeit und Stabilitä... her eine ausreichende Stärke (3... aufweisen. Eine besondere Wirkung er... len Sie mit Strohseide: Die feine Mas... rung kommt im Lichtschein einer Kerze sehr effektvoll zur Geltung.

Im einzelnen wird folgendes Material benötigt:

- *Tonkarton in verschiedenen Farben*
- *Transparentpapier in verschiedenen Farben*
- *Strohseide in verschiedenen Farben*
- *Alu-Karton, goldfarben*
- *Schneiderkopierpapier; Architektenpapier oder Butterbrotpapier zum Abpausen und Übertragen der Motive vom Vorlagenbogen*
- *Bleistift*
- *mittelgroße, spitze Schere (Papierschere); Cutter; Lochzange (Metall-)Lineal*
- *Klebstoff*
- *Schneideunterlage aus dem Bastelfachgeschäft (oder auch dicker, fester Karton) zum Schutz der Arbeitsfläche vor Beschädigungen.*

Übertragen der Motive

Die Motive des Vorlagenbogens können Sie auf zweierlei Art auf den Tonkarton übertragen:

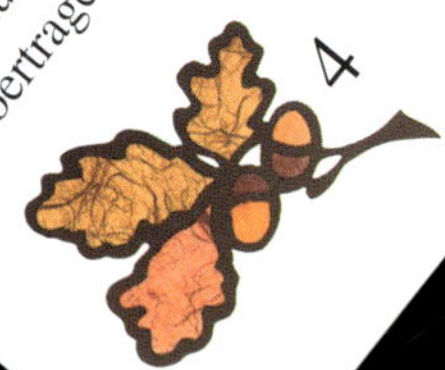

Fa... wol... Motiv... Dazu lege... entsprechen... gens und paus... Anschließend da... festen Karton kleb... den Bleistiftlinien auss... Diese Kartonschablone ... den Tonkarton Ihrer Wahl... die Konturen mit einem spitze...

Tonkarton schneiden

Am besten schneiden Sie die Motive mit einem Cutter aus dem Tonkarton. Legen Sie den Karton auf eine Schneideunterlage, und ziehen Sie den Cutter mit leichtem Druck an der auszuschneidenden Linie entlang. Das Cuttermesser wird dabei wie ein Bleistift gehalten. Die Schnitte sollten ohne Absetzen erfolgen, damit keine unerwünschten Zacken oder Kanten Ihre Transparentarbeit beeinträchtigen. Achten Sie darauf, daß Ihre Schneidewerkzeuge stets scharfe Schneiden aufweisen. Wechseln Sie stumpfe Klingen rechtzeitig aus.

Da das Arbeiten mit dem Cutter nicht ungefährlich ist und eine gewisse Erfahrung voraussetzt, sollten kleinere Kinder nur mit Scheren arbeiten.
Zuerst werden bei den Motiven die Innenflächen herausgetrennt, dann erst wird die äußere Kontur nachgeschnitten. Das Kartonmotiv bleibt dabei bis zuletzt in sich stabil, und das Ausschneiden wird erleichtert. Nur bei den Laternen und bei dem Krippenmotiv (Seite 18) wird zu Beginn die äußere Grundform ausgeschnitten. Anschließend falzen Sie den Karton an den gepunkteten Linien und schneiden erst dann die Öffnungen hinein.
Beim Heraustrennen der Zwischenräume zunächst die kleineren Flächen bearbeiten, dann die größeren ausschneiden.
Der Karton für die Fensterbilder wird doppelt zugeschnitten. Die Motive werden so stabiler und sehen später von beiden Seiten ansehnlich aus.

HINTERKLEBEN DER MOTIVE

Der ausgeschnittene Tonkartonrahmen wird mit Transparentpapier oder Strohseide hinterklebt. Legen Sie dazu das Transparentpapier auf das jeweilige Teilmotiv, und übertragen Sie die Konturen der Innenflächen großzügig auf das Papier.
Berücksichtigen Sie dabei eine ausreichend große Klebenaht, damit beim Hinterkleben kein Klebstoff auf die freien Flächen gelangen kann. Mit einer Schere das Papier zurechtschneiden. Anschließend die Kartonstege mit etwas Klebstoff bestreichen und das Transparentpapier aufdrücken. Eventuell überstehende Papierränder vorsichtig nachschneiden.

Bevor Sie die Fensterbilder hinterkleben, sollten Sie zuerst prüfen, ob die beiden ausgeschnittenen Motivteile aus Tonkarton paßgenau aufeinanderliegen. Gegebenenfalls müssen Sie die Konturen mit der Schere angleichen. Das Papier kleben Sie von links auf eine der beiden Kartonhälften. Wenn alle Zwischenräume ausgefüllt sind, wird das andere Motivteil deckungsgleich auf der Rückseite, d. h. der hinterklebten Seite, befestigt.

FARBENTIP

Falls Ihnen die angebotene Farbpalette des Transparentpapiers nicht ausreicht, kreieren Sie einfach selbst neue Farben! Durch Übereinanderlegen verschiedenfarbiger Papiere erhalten Sie immer wieder neue Farbnuancen. Dabei ist es sogar möglich, transparentes Schwarz zu erhalten: Legen Sie einfach braunes und blaues Papier aufeinander.
Wenn Ihnen eine Farbe zu matt erscheint, nehmen Sie das Papier doppelt oder dreifach. Die Farben wirken dann kräftiger und leuchten intensiver. Dunkle Farbtöne sollten allerdings nicht in mehr als zwei Lagen übereinandergeklebt werden, da sie sonst zu viel von ihrer Leuchtkraft einbüßen. Probieren Sie es aus, Sie werden überrascht sein, welche Farbspiele mit Transparentpapier möglich sind.

MARTINSLATERNEN

Die großen Laternen sind als Tischlaternen gearbeitet. Leicht abgewandelt können sie aber auch in einem Martinszug mitgeführt werden. Dazu müssen Sie auf dem Laternenboden einen Kerzenhalter befestigen.

Zusätzlich wird aus Blumensteckdraht oder Kupferdraht ein Bügel angefertigt, die Bügelenden werden mittig am oberen Laternenrand durch den Karton gestochen. Damit der Bügel nicht wieder aus der Laterne herausrutschen kann, biegen Sie die Drahtenden zu kleinen Ösen. Zuletzt wird der Drahtbügel in einen Laternenstab eingehängt.

Übrigens, einzeln zugeschnitten, eignen sich die verschiedenen Motive der Laternenseiten auch sehr gut als transparente Fensterbilder.

Blumenmädchen

Material:
- *Tonkarton, grün*
- *Strohseide, lachs*

Mit Hilfe von Architekten- oder Kopierpapier wird das Blumenmädchen vom Vorlagenbogen auf grünen Tonkarton durchgepaust. Mit einem Cutter die Innenflächen heraustrennen, anschließend den äußeren Rahmen nachschneiden.
Das gesamte Motiv wird mit lachsfarbener Strohseide hinterklebt. Die feinen Gewebestrukturen der Strohseide lassen das Fensterbild leicht antik wirken, als ob der Hintergund auf einer alten Glasscheibe aufgemalt wäre.

SCHNIPSEL-TECHNIK

Bären

Material:
- *Tonkarton, schwarz*
- *Transparentpapier, braun*
- *Tapetenkleister*
- *Pinsel*

Die Bären mit Hilfe von Transparentpapier vom Vorlagenbogen auf schwarzen Tonkarton abpausen. Die Innenflächen ausschneiden, dann die Umrisse der beiden Bären nachschneiden.

Das hinterklebte Transparentpapier wird in Schnipsel- bzw. Reißtechnik gearbeitet, eine Technik, die besonders Kinder gerne ausführen. Dazu schneiden Sie zuerst ein Stück braunes Transparentpapier ca. 2 cm größer zu als das eigentliche Fensterbild. Dann nehmen Sie ein weiteres Blatt braunes Transparentpapier, reißen das Papier in kleine Schnipsel und legen diese auf den mit Kleister eingestrichenen Zuschnitt. Nach und nach die Schnipsel befestigen, dabei immer wieder mit einem Pinsel Kleister aufstreichen, um das Papier ausreichend zu fixieren. Das Schnipselbild lassen Sie anschließend gut trocknen. Beim Trocknen wird sich das Papier stark wölben, doch mit einem Bügeleisen läßt es sich wieder glattstreichen. Zuletzt kleben Sie das Transparentpapier hinter den Tonkarton. Die überstehenden Papierränder werden mit einer Schere abgeschnitten.

Gänschen

Material:
- *Tonkarton, schwarz*
- *Transparentpapier, weiß und gelb*
- *Tapetenkleister*
- *Pinsel*

Das Motiv wird auf Tonkarton übertragen. Dann die Innenschnitte ausführen und danach den äußeren Umriß nachschneiden. Füße und Schnabel werden mit gelbem Transparentpapier hinterklebt. Das Federkleid wird, wie bei den Bären beschrieben, in Reißtechnik gearbeitet. Das Auge kleben Sie separat aus schwarzem Tonkarton auf.

GÄNSEPÄRCHEN

Material:
- *Tonkarton, blau*
- *Transparentpapier, blau, weiß und gelb*
- *Tapetenkleister*
- *Pinsel*

Die beiden Gänse werden vom Vorlagenbogen auf blauen Tonkarton übertragen. Zuerst werden die Innenflächen herausgetrennt, dann die äußeren Umrisse nachgeschnitten. Die Schleifen mit blauem, Schnäbel und Füße mit gelbem Transparentpapier hinterkleben. Das weiße Federkleid wird in Schnipsel- bzw. Reißtechnik ausgeführt (vgl. Seite 8).

Dazu schneiden Sie zuerst ein Stück weißes Transparentpapier zu, das den Umriß des Gänsekörpers ca. 2 cm überlappt.

Dann nehmen Sie ein weiteres Blatt weißes Transparentpapier, reißen das Papier in kleine Schnipsel und legen diese auf den mit Kleister eingestrichenen Zuschnitt. Nach und nach die Schnipsel befestigen, dabei immer wieder mit einem Pinsel Kleister aufstreichen, um das Papier ausreichend zu fixieren. Das Schnipselbild lassen Sie anschließend gut trocknen. Die beim Trocknen entstehenden Wellen und Wölbungen werden mit einem Bügeleisen glattgestrichen.

Dann kleben Sie das Transparentpapier hinter den Tonkarton. Die überstehenden Papierränder werden mit einer Schere abgeschnitten. Zuletzt kleben Sie die beim Zuschneiden des Tonkartons herausgefallenen Gänseaugen auf das Transparentpapier.

IGELLATERNE

Material:
- *Tonkarton, braun*
- *Transparentpapier, hellbraun, dunkelbraun, blau und weiß*
- *Strohseide, moos und zimt*
- *Teelicht oder Stumpenkerze*

Übertragen Sie das Motiv insgesamt viermal nebeneinander auf den braunen Tonkarton, lassen Sie dabei den Igel nach links und rechts schauen. Anschließend die äußere Kontur nachschneiden. Die Ansatzlinien (gestrichelte Linien) zwischen den vier Laternenseiten sowie die Bodenlaschen falzen, danach den Karton wieder glattstreichen. Mit einem Cutter trennen Sie jetzt die Innenräume vorsichtig heraus. Dann kann der Karton hinterklebt werden: Den Igel und die Eicheln hinterlegen Sie mit braunem Transparentpapier, das Stachelkleid wird zusätzlich mit dem blauen Papier hinterklebt.
Die Blätteröffnungen verschließen Sie mit zimt- und moosfarbener Strohseide. Die Igelaugen aus braunem Karton ausstanzen und von rechts befestigen.
Zuletzt wird die gesamte Laternenrückseite mit weißem Transparentpapier beklebt. Als Bodenplatte schneiden Sie ein Tonkartonquadrat von 16 cm x 16 cm aus. Die Klebelaschen mit Klebstoff bestreichen und den Boden anbringen.
Abschließend noch die offene Laternenkante schließen und fixieren. In die Bodenmitte stellen Sie eine Stumpenkerze oder fixieren ein Teelicht.

BLÄTTER

Material:
- *Tonkarton, braun*
- *Transparentpapier, braun und blau*
- *Strohseide, moos und zimt*

Mit Hilfe von Transparentpapier die verschiedenen Blätter vom Vorlagenbogen auf den Tonkarton übertragen. Die Innenflächen trennen Sie mit dem Cutter heraus, dann schneiden Sie den Außenumriß nach. Die Blätter werden mit moos- und zimtfarbener Strohseide hinterklebt. Bei den Eicheln braunes Transparentpapier verwenden. Zusätzlich wird die eine Hälfte der Früchte (das „Körbchen“) mit blauem Papier hinterlegt.

IGEL

Material:
- *Tonkarton, braun*
- *Transparentpapier, braun und blau*

Das Motiv wird vom Vorlagenbogen auf den braunen Tonkarton abgepaust. Anschließend die Innenschnitte durchführen, danch die äußere Kontur des Igels nachschneiden. Den Igelkörper mit braunem Transparentpapier hinterkleben, das Stachelkleid soll etwas dunkler wirken und wird daher zusätzlich mit einer Lage blauem Papier versehen. Zuletzt kleben Sie das beim Zuschnitt herausgefallene Auge auf.

Tischlaternen „Igel" und „Eichhörnchen"

Material:
- *Tonkarton, grün*
- *Transparentpapier, braun*
- *Teelicht*

Das Muster der Tischlaterne wird vom Vorlagenbogen auf grünen Tonkarton übertragen und ausgeschnitten. Je nachdem, welche Laterne Sie wählen, setzen Sie das Eichhörnchen- oder das Igelmotiv ein. Anschließend mit einem Cutter die Igel- bzw. Eichhörnchenmotive heraustrennen. Die jeweils drei Löcher in den schmalen Außenseiten stanzen Sie mit einer Lochzange ein. Nun wird der Karton an den gestrichelten Linien gefalzt, die durchgezogenen Linien am Bodenteil werden eingeschnitten. Den Karton wieder glattstreichen. Hinterkleben Sie dann die Kartonöffnungen mit braunem Transparentpapier. Falls Ihnen die Farbe zu blaß erscheint, können Sie das Papier auch doppelt nehmen. Die Augen werden separat von rechts aufgesetzt. Zuletzt wird die Laterne zusammengeklebt und ein Teelicht hineingestellt.

Fensterbild „Eichhörnchen"

Material:
- *Tonkarton, schwarz*
- *Transparentpapier, braun, blau und grün*

Mit Hilfe von Transparentpapier wird das Eichhörnchen vom Vorlagenbogen übertragen. Zunächst trennen Sie mit dem Cutter die Innenflächen heraus, dann werden die Umrisse des Fensterbildes nachgeschnitten. Mit Transparentpapier die Öffnungen verschließen. Beim Eichhörnchenschwanz kleben Sie auf das braune Transparentpapier zusätzlich eine Lage blaues Papier, dadurch erhält der buschige Schwanz eine schwarz-braune Tönung. Das beim Ausschneiden des Kopfes heruntergefallene Auge wird separat befestigt.

MONDSCHAUKEL

Material:
- *Tonkarton, schwarz*
- *Transparentpapier, braun, gelb, blau und rot*

Die Mondschaukel vom Vorlagenbogen auf schwarzen Tonkarton durchpausen. Zuerst die Innenschnitte durchführen, dann die äußere Kontur der Mondschaukel nachschneiden. Anschließend werden die Zwischenräume mit Transparentpapier hinterklebt. Die dunkelbraunen Farbtöne der Pfoten, der Fußsohlen und der Innenohren erhalten Sie, wenn Sie das braune Transparentpapier doppelt nehmen. Um ein intensiveres Gelb zu bekommen, wird das Papier für die Mondsichel und die Sterne ebenfalls zweifach aufgeklebt. Zuletzt schneiden Sie die Gesichtsteile aus Tonkarton zu. Die Nase mit Mundlinie und die Augen werden vorne auf dem Bärengesicht plaziert.
Auch der Bär alleine wäre schon ein reizendes Fensterbild!

KRIPPENSZENE

Material:

- *Tonkarton, schwarz*
- *Transparentpapier, rot*

Das Krippenmotiv mit Hilfe von Transparentpapier vom Vorlagenbogen auf schwarzen Tonkarton durchpausen. Dann wird die Außenkontur nachgeschnitten.

An den gestrichelten Linien den Karton falzen. Das Motiv des Hirten und das Teil mit dem Esel knicken Sie nach vorne, die beiden Außenteile mit den Schafen nach hinten, so daß der Betrachter in den Stall hineinschaut. Zuletzt werden die Innenflächen ausgeschnitten und die einzelnen Motivteile mit rotem Transparentpapier hinterklebt.

WEIHNACHTLICHES ENGELTRIPTYCHON

Material:

- *Alu-Karton, goldfarben*
- *Strohseide, rot*
- *Kerze oder Teelicht*

Das Engeltriptychon wird mit Hilfe von Transparentpapier vom Vorlagenbogen auf den goldfarbenen Alu-Karton übertragen. Bevor Sie die äußere Kontur nachschneiden, führen Sie zuerst die Innenschnitte aus. Das Auge des Engels stanzen Sie mit einer Lochzange ein. Anschließend werden die gestrichelten Linien gefalzt und die Seitenteile so nach hinten geknickt, daß das Weihnachtslicht auf dem Tisch stehen kann. Nun das Triptychon mit der roten Strohseide hinterkleben. Wenn Sie das Triptychon vor eine Kerze stellen, sieht es aus, als ob der Engel vor einem roten, flackernden Feuer seine Himmeltrompete erschallen ließe.

TRANSPARENTE FALTSTERNE

Material:

- *Transparentpapier, rot, blau, gelb und grün*

Diese Transparentsterne bestehen jeweils aus mehreren zusammengeklebten Sternspitzen. Schneiden Sie aus Transparentpapier je acht Rechtecke von 10 cm x 6 cm (kleiner Stern: 7 cm x 5 cm) zu. Die Rechtecke an der Längsachse falten und wieder öffnen (siehe Skizze 1). Dann alle vier Ecken so zur Längsachse hin umknicken, daß sie an den Bruch stoßen (siehe Skizze 2). Anschließend die geschlossenen oberen Ecken nochmals zur Mitte hin falten (siehe Skizze 3). Beim großen, 16zackigen Stern folgt noch eine weitere Faltung, hier werden zusätzlich die unteren Ecken ebenfalls zur Mitte hin umgelegt. So erhalten Sie eine kleine Sternspitze in Form eines Drachen (siehe Skizze 4). Kleben Sie nun die Spitzen zu einem Transparentstern zusammen, indem Sie die untere linke Außenseite eines Drachens auf die Mittellinie einer weiteren Sternspitze legen. Der 16zackige Stern besteht aus je acht blauen und roten Sternspitzen, die Sie abwechselnd befestigen.

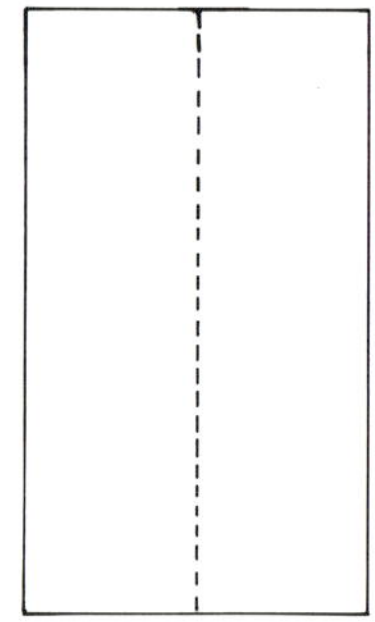

Skizze 1

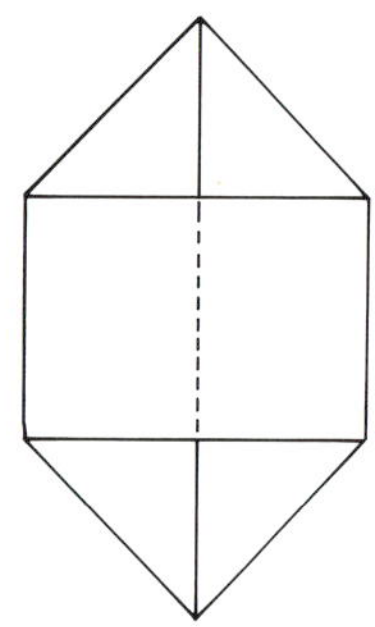

Skizze 2

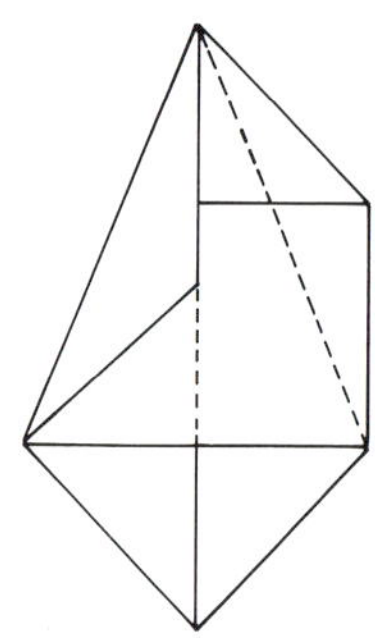

Skizze 3

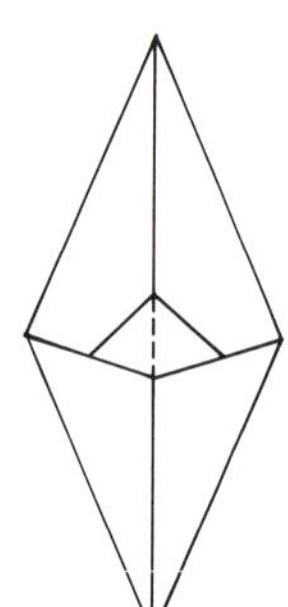

Skizze 4

PARTY-LAMPIONS

Material:
- *Tonkarton, rot, blau und gelb*
- *Transparentpapier, grün, gelb, blau und rot*
- *Schleifenband, gelb, rot und blau*
- *Mini-Lichterkette*

Die Party-Lampions haben zwei unterschiedliche Motivseiten, die sich an den vier Seitenflächen wiederholen. Beim Übertragen der Schablonen auf den Tonkarton der gewünschten Farbe wechseln Sie die Motive jeweils ab (2x Bär, 2x Luftballone). Zuerst wird der äußere Laternenumriß ausgeschnitten. Die gestrichelten Linien werden gefalzt.

Anschließend den Lampionzuschnitt wieder glattstreichen. Nun können Sie mit einem Cutter die Motivöffnungen heraustrennen. Vergessen Sie auch nicht, in das obere Lampionende die beiden Schlitze für das Schleifenband zu ritzen (jeweils in den Abschnitt mit dem Bären).

Hinterklebt werden die Partyleuchten mit Transparentpapier in zwei kontrastreichen Farben. Augen und Nasen der Bären werden separat von rechts auf das Papier geklebt. Dann falten Sie den Tonkarton zu einem Lampion und schließen ihn an den Klebelaschen, damit beginnen Sie am unteren, spitz zulaufenden Ende. Das Schleifenband wird durch die Schlitze gezogen, die Enden lassen Sie zunächst herunterhängen.

Stecken Sie nun ein Lämpchen einer Mini-Lichterkette durch die kleine Öffnung oben im Lampion, und binden Sie dann das Schleifenband zu einer Schleife, dabei werden die Bandenden zwischen den beiden Leitungskabeln der Lichterkette hindurchgeführt. So kann das Lämpchen nicht mehr aus der Party-Laterne herausgleiten.

Fensterbild „Herbstdrachen“

Material:

- *Tonkarton, blau*
- *Transparentpapier, rot, grün, blau, gelb und weiß*

Mit Hilfe von Architekten- oder Kopierpapier pausen Sie das Motiv vom Vorlagenbogen auf blauen Tonkarton ab.
Anschließend zuerst die Innenschnitte anbringen, dann die äußeren Umrisse des Drachens und der Wolken ausschneiden. Hinterkleben Sie das Fensterbild zunächst mit dem farbigen Transparentpapier.
Anschließend können Sie die gesamte Rückseite mit dem weißen Papier hinterlegen. Zuletzt schneiden Sie aus dem blauen Tonkarton noch Augen, Mund und Nase und plazieren die Gesichtsteile von vorn auf dem Drachen.

Drachenlaterne

Material:

- *Tonkarton, blau*
- *Transparentpapier, blau, rot, grün, gelb und weiß*
- *Teelicht oder Stumpenkerze*

Die Drachenlaterne hat zwei unterschiedliche Motivseiten, die sich an den Seitenflächen wiederholen. Beim Übertragen der Schablonen auf den blauen Tonkarton wechseln Sie die Motive jeweils ab (2x Drachen, 2x Drachenschwanz).

Schneiden Sie zunächst die äußere Kontur der Laterne aus. Anschließend werden die Ansatzlinien zwischen den Seitenflächen und die Klebelaschen für die Bodenplatte gefalzt.
Bevor Sie mit einem Cutter oder einer kleinen, spitzen Schere die Zwischenräume vorsichtig heraustrennen, wird der Karton wieder glattgestrichen. Dann den Tonkarton mit Transparentpapier hinterlegen. Die einzelnen Schwanzflächen bestehen jeweils aus einer doppelten Lage Transparentpapier; so heben sie sich besser vom blauen Himmel ab. Zuletzt die gesamte Rückseite mit weißem Transparentpapier hinterkleben. Nun muß die Laterne nur noch zusammengeklebt werden. Schneiden Sie dazu aus dem Tonkarton eine Bodenplatte von 16 cm x 16 cm, und befestigen Sie das Oberteil der Drachenlaterne mit den Klebelaschen an der Bodenplatte.
Die offene Laternenkante schließen. In die Bodenmitte wird ein Teelicht oder eine Stumpenkerze gestellt.

Tischlichter „Apfel und Birne“

Material:
- *Tonkarton, schwarz*
- *Transparentpapier, rot, gelb und grün*
- *Teelicht*

Die Grundformen der Obstlichter werden vom Vorlagenbogen auf schwarzen Tonkarton übertragen und ausgeschnitten. Den Karton an den gestrichelten Linien falzen. Anschließend den Karton wieder glattstreichen und mit einem Cutter die Öffnungen des Apfels bzw. der Birne heraustrennen. Die Blätter hinterkleben Sie mit grünem, den Apfel mit rotem und die Birne mit gelbem Transparentpapier. Damit die Früchte auch im Licht intensiv leuchten und fruchtig-frisch wirken, können Sie noch eine zusätzliche Lage Papier auflegen. Dann kleben Sie die Laternen zusammen und stellen ein Teelicht hinein.

Tischlicht „Weintraube“

Material:
- *Tonkarton, schwarz*
- *Transparentpapier, violett und grün*
- *Teelicht*

Dieses Tischlicht besteht aus einem Ring aus Tonkarton, der das Teelicht aufnimmt, und einer davor geklebten Weintraube.

Das Motiv mit Hilfe von Transparentpapier auf schwarzen Tonkarton übertragen. Die Öffnungen der Weintraube ausschneiden, dann die äußere Kontur nachschneiden. Nun das Transparentpapier dahinterkleben. Für die Ringhalterung schneiden Sie aus schwarzem Tonkarton einen Streifen von 14 cm x 1,5 cm zu. Den Tonkartonstreifen locker um ein Teelicht wickeln und zu einem Ring zusammenkleben.
Zuletzt wird die Ringhalterung auf der Traubenrückseite an der breiten Kartonbasis befestigt.

LATERNE „HÄNSEL UND GRETEL"

Material:
- *Tonkarton, schwarz*
- *Transparentpapier, braun, grün, blau und gelb*

Bei dieser Laterne sind die vier Außenseiten unterschiedlich gestaltet. Jede Seite zeigt eine andere Szene. Übertragen Sie zunächst die einzelnen Motivseiten vom Vorlagenbogen auf den schwarzen Tonkarton. Schneiden Sie dann die äußere Kontur der Laterne aus. Die Ansatzlinien zwischen den Seitenflächen und die Klebelaschen für die Bodenplatte werden gefalzt. Den Tonkarton streichen Sie wieder glatt und trennen anschließend mit einem Cutter oder einer kleinen, spitzen Schere die Zwischenräume heraus. Nun können Sie den Tonkarton mit dem Transparentpapier hinterkleben.

Dunklere Schattierungen bei den Tannenbäumen erzielen Sie, wenn Sie einige Baumabschnitte doppelt oder dreifach mit Papier bekleben. Auch die unterschiedlichen Brauntöne der Lebkuchen erhalten Sie durch mehrlagiges Bekleben. Die braune Hauswand und die gelben Sterne sind ebenfalls doppelt gearbeitet. Mit einer Nadel werden die Augen von Hänsel, Gretel und der Hexe eingestochen. Als Bodenplatte schneiden Sie ein Rechteck aus schwarzem Tonkarton von 16 cm x 16 cm zu. Anschließend wird der Laternenboden an den Klebelaschen des Oberteils festgeklebt. Die offene Laternenkante schließen und fixieren. Zuletzt stellen Sie eine Stumpenkerze in die Laterne oder befestigen in der Bodenmitte ein Teelicht.

LEUCHTENDE KÜRBISSE

Material:
- *Tonkarton, schwarz*
- *Transparentpapier, orange und grün*
- *Teelicht*

Übertragen Sie die Motive vom Vorlagenbogen auf schwarzen Tonkarton (siehe Seite 4-6). Zunächst werden mit dem Cutter die Innenflächen herausgetrennt, dann die Umrisse der Kürbislaternen nachgeschnitten. Mit Transparentpapier die Öffnungen verschließen, dabei das Orange doppelt nehmen, um einen kräftigen Farbton zu erzielen.

Die Nase des kleinen Kürbisses wird nachträglich aufgeklebt. Zuletzt arbeiten Sie das Unterteil, das das Teelicht aufnimmt. Die gestrichelten Linien falzen, die durchgezogenen einschneiden. Die Falzränder werden nach oben geknickt und an den Laschen verklebt.

Die Kürbisse machen sich auch als Fensterbilder gut!